春夏秋冬野生酵母　烘焙研究手札

spring | summer | autumn | winter

Baked Bread with Seasonal Yeast

三悅文化

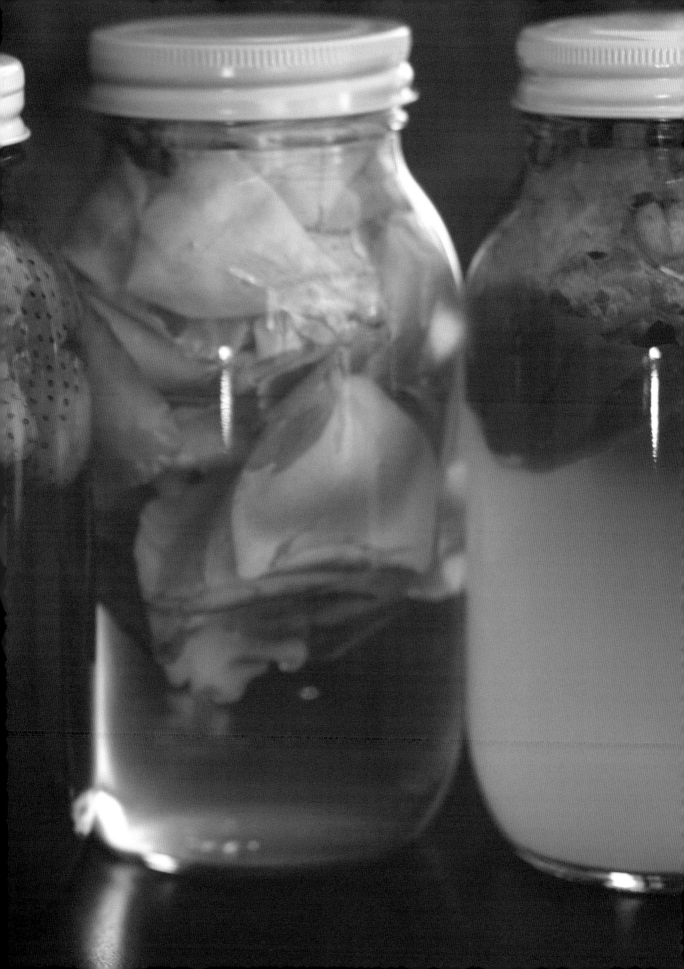

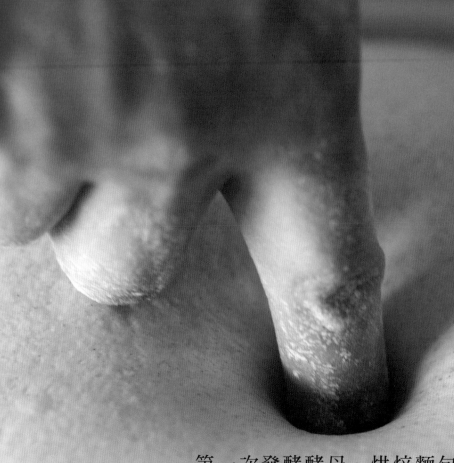

第一次發酵酵母、烘焙麵包

清洗庭院採摘的枇杷，裝入瓶中注滿水，再旋緊蓋子。
至今依然記得，數十年前聽從朋友的建議第一次準備酵母的情景。
如此簡單的方法真的能夠培育酵母嗎？
抱著半信半疑的態度觀察培育過程。
靜謐的瓶中世界約在第 5、6 天發生明顯的變化。
沉在底下的枇杷浮起，周圍產生一顆顆氣泡，
鬆開蓋子，「噗咻！！」伴隨著發泡聲，細密的泡沫不斷湧現。
酵母散發的野性酸甜香氣，
喚起兒時奔馳於草地、森林，採摘野果遊玩的記憶。
哇！太棒了！！
從這一刻起，我和酵母的生活就此展開。

過去不曾製作麵包的我，第一次用這個枇杷酵母揉和麵團。
以陶藝中菊揉法的要領默默揉和著。
結果，原本黏於手上的粥狀麵糊開始出現彈性，逐漸黏著在一起。
揉和後靜置數十小時發酵，麵團像光滑的年糕一樣膨大。
置於台上推展整成圓形，壓抑興奮的心情，再讓麵團休息一次。

然後，終於要置入烤箱。

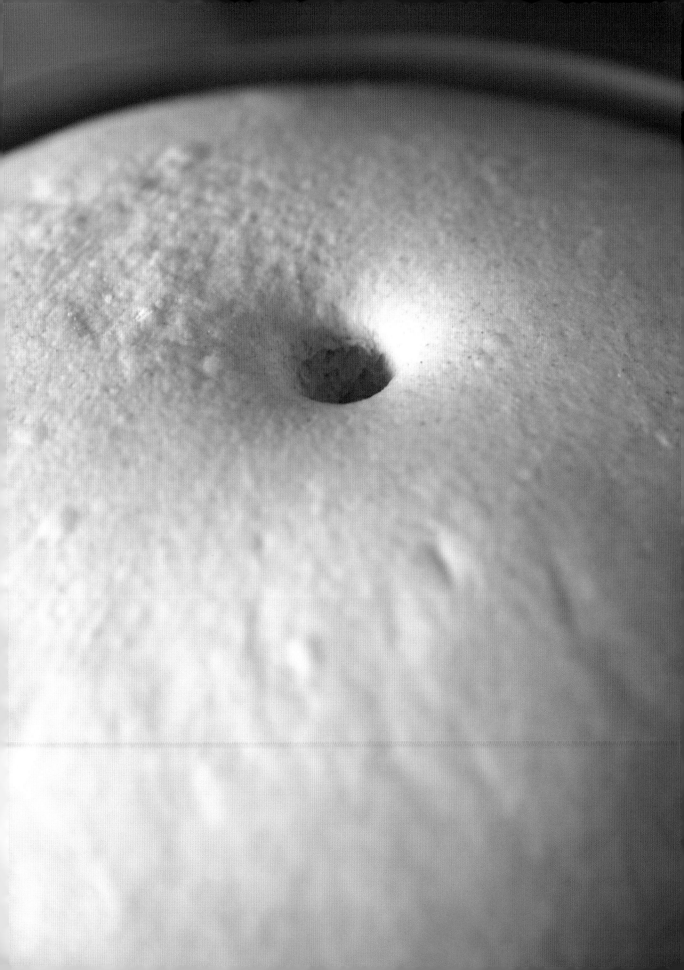

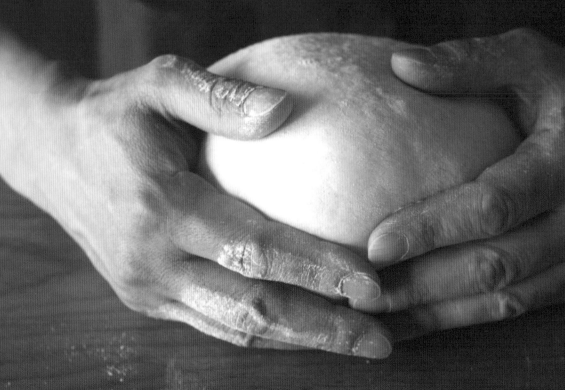

麵團在烤箱中像會呼吸的生物一樣伸展，逐漸變成帶金黃色的麵包。
靜靜地關注其樣貌。
剛出爐的麵包散發著水果香氣，
愈嚼愈能感受到嘴中擴散的鮮甜、內裡的軟韌感⋯⋯。
如此強而有力的活潑麵包，
竟是出自自己的手，而且還是自家烘焙，實在教人高興。

我從庭院、農地、附近的大自然，
採摘春夏秋冬的各種水果、蔬菜、花卉，塞滿瓶中發酵酵母，不停烘焙麵包。
沉迷與酵母的生活，瓶子一天比一天還多，多到架子擺不下只能放到地板上。

然後，我在生養自己的故鄉，與家人開張了小小的麵包店。
每週營業 2 天，賣完即休息。
遠離車站的住宅地店面，常有附近居民光顧，不時還有遠道而來的客人。
持續經營這間小店已過了 10 年的歲月。
酵母透過製作人的巧手盡情地發酵，
搖身變成香氣馥郁的麵包，連結人與人之間的關係。
我由衷地感謝與酵母為伍的每一天。

本書會根據過往的經驗，
介紹活用時令素材發酵的酵母魅力，
以直接法製作麵包。
發酵完帶有活性的酵母液後，離完成麵包也就不遠了。
材料有酵母液、小麥粉、鹽。
基本上，麵團所含的水分比例即為酵母液總量。
時令酵母釋出的風味，展現各種麵包的個性。

咬下親手發酵烘焙的麵包，
隨之而來甜味、鮮味、撲鼻而來的香味⋯⋯
從酵母麵包感受到季節的變化。
期望各位也能擁有這般豐富的體驗。

タロー屋

目 次

本書的規範
- 小匙為5ml、大匙為15ml。
- 少數調味料分量標示為「少許」或者「一小撮」。
　「少許」為拇指和食指捏起的分量；「一小撮」為拇指、食指和中指等三指捏起的分量。
- 「適量」為適合的分量；「適宜」表示可不加入。
- 根據烤箱的機種、溫度、加熱時間、出爐狀況有所不同。請以表記的時間為基準，視情況來烘焙。

處理酵母時的注意事項
- 培養的酵母一天需要釋放氣體數次，以免瓶子爆裂。
- 因本書內容發生意外的場合，作者、敝出版社不負任何責任。

材料

タロー屋製作麵包的材料非常簡單。
使用大量冒泡的活性酵母、優質的日本產小麥、礦
物質豐富的海鹽以及乾淨的水。

【酵母】

使用自家菜園的蔬菜、水果、花卉發酵，依循
季節自家培養的酵母（發酵酵母，參見 p.22）。
本書的麵包採用不分出中種麵團的直接法製
作，製法相對單純。使用在準備製作麵包時置
回常溫狀態，泡沫就會從瓶中溢出的活性發酵
酵母。順便一提，タロー屋加進麵團的蔬菜、
水果，也是自家菜園栽種的素材。

【麵粉】

タロー屋使用的麵粉是北海道江別製粉的日本
產小麥，高筋麵粉使用「はるゆたかブレンド」，
準高筋麵粉使用「TYPE-ER」，全麥麵粉使用
「石臼挽き全粒粉」。僅黑麥麵粉使用加拿大、
德國的產品。上述麵粉能夠感受到甜味，烘焙
出軟韌帶有嚼勁的麵包。

【鹽】

推薦未經精煉富含礦物質的海鹽。タロー屋使
用法國產的 Guerande 鹽，但也可使用自己偏好
的礦物質鹽。細緻的鹽適合均勻和進麵團中。

【水】

使用乾淨的水製作麵包。家庭推薦使用裝有濾
心的濾水壺，或者加裝淨水器的水龍頭水，但
也可以使用自來水（譯注：日本水龍頭的自來
水可直接飲用）。

【砂糖】

用於麵團、酵母、糖漬裝點的水果。南美產的
Organic Sugar、黍砂糖、洗雙糖等，選用未精
煉富含礦物質，可安心食用的產品。

【其他材料】

果乾、堅果、芝麻、橄欖油等使用有機的產品，
家庭請選用容易入手的優質產品。外表覆油的
果乾，請先以熱水畫圓澆淋清洗再使用。

工具

介紹製作麵包時好用的工具
除了家裡原有的器具之外，選用容易入手的工具即可。
下述工具能夠幫助作業進行。

【揉和】

量秤

用於計量麵粉、鹽等以
及等分麵團。除了量秤
以外，也可一起準備量
杯、量匙等。

調理盆

直徑 27 公分左右的調理
盆比較容易使用，玻璃
製、不鏽鋼製皆可。

打蛋器

用於混拌盆中的麵粉、
鹽等材料。在沒有打蛋
器的情況下，請用木鏟
替代。

木鏟

用於混拌酵母液與整個
麵粉，可用家中的飯
勺、刮鏟等替代。

【切割、整型】

濾茶網勺

用於撒粉在麵團上，推
薦不鏽鋼製的單網。收
拾時，請仔細清洗、確
實晾乾不讓網眼堵住。

刮板

用於混拌、切割麵團。
另外，在刮除黏於作業
台的麵團時，相當好用。

擀麵棍

用於推展麵團、去除空
氣。タロー屋使用一般
的木製擀麵棍（直徑 32
× 長度 355mm）。

發酵籃

法文稱為 banneton，裡
面覆有發酵布的籃子，
有圓形、鵝蛋形等形狀。
可用市售的籃子覆上布
帛替代。

割紋刀

用於在麵包上面劃出割
紋（coupe）的刀子。可
用水果刀替代，但鋒利
的刀具比較能劃出漂亮
的割紋。

帆布（拱起凹槽用）

用於在二次發酵時防止
整型的麵團走樣。使用
時，請撒上充足的麵粉，
以免麵團黏著帆布。

【烤製】

噴霧器

用於防止麵團乾燥、進爐前噴灑濕氣。可用一般的噴霧器，
但長噴桿的類型能夠噴濕門扉的縫隙，相當好用。

發酵酵母

タロー屋的酵母製作非常簡單。

準備旋蓋式瓶子、時令的水果、花卉、蔬菜、水，視需要添加砂糖、蜂蜜。

僅需這點工具與材料，就能培育活性酵母。

首先，整頓讓酵母充分發酵的環境。

在乾淨的瓶中裝滿時令材料與水，加入適宜的糖分旋緊蓋子。

當材料周圍冒出一顆顆氣泡後，

引進氧氣促進酵母呼吸。

當打開瓶蓋的瞬間，氣泡像香檳一樣

噗咻地滿溢出來的話，代表活性酵母液完成了。

水果酵母

儲存甜分的水果是酵母的最愛。選用多汁芳香的時令水果吧。
下料時，要將水果弄成酵母菌容易食用的形狀，
就像餵食孩童一樣切割、搗泥水果。

〈 蘋果酵母 〉

蘋果是初次嘗試也容易穩定發酵的水果。
帶有清爽水果味的蘋果酵母，能夠廣泛活用於各種麵包。
用手持型料理棒搗碎後再下料，
作成發酵力更強的酵母液，
讓加入許多副材料的麵團確實膨脹。

材料　750ml 瓶子、1 瓶分量

蘋果＊　1/2 ～ 1 顆（裝約 1/3 瓶的量）
水　適量（注至瓶頸下方）
乾淨的瓶子＊＊　1 瓶

＊　發酵酵母使用的水果，盡量選用新鮮優質的產品。
＊＊瓶子、瓶蓋皆需煮沸消毒。

作法

1 清洗蘋果後，連皮切瓣取出果芯Ⓐ。
2 將蘋果裝入乾淨的瓶中，注水至瓶頸下方Ⓑ，旋緊蓋子Ⓒ。

過程

暫時不開蓋置於室溫。
1 天翻轉瓶身數次，靜默觀察情況。
下料後 4 ～ 5 天，蘋果周圍開始冒出一顆顆小氣泡Ⓓ。
皮端褪色、水質開始混濁的話Ⓔ，代表發酵順利進行。
然後，1 天打開瓶蓋數次，給予酵母氧氣。
當打開瓶蓋的瞬間，噗咻地冒出細緻的泡沫時Ⓕ，酵母液就完成了。

發酵的基準

春夏 4 ～ 5 天；秋冬 7 ～ 8 天。
發酵不順利的場合，加入 1 ～ 2 小匙砂糖、蜂蜜等糖分。
在烤製麵包之前，將酵母液置於冰箱保存。
1 天鬆開瓶蓋數次釋放氣體。
使用時置回常溫，確認活化到產生氣泡。

遇到這種情況的話

素材不新鮮、瓶內附著髒污、
瓶蓋沒有旋緊等原因，
可能產生難聞的臭味、發霉。
此時，請捨棄不要使用，另以乾淨的瓶子重新製作。

D E
F

搗泥蘋果酵母

清洗 1 顆蘋果後，連皮切瓣取出果芯。裝入乾淨的瓶中，用手持型料理棒攪拌（料理棒轉不太起來的場合，加入適量的水（分量外）），或者先搗成泥再裝入瓶中。暫時不開蓋置於室溫，經過 3 ～ 4 天看到小氣泡後，打開瓶蓋像啤酒一樣溢出氣泡的話，代表已經充分發酵。然後，在烤製麵包之前置入冰箱，1 天鬆開瓶蓋數次釋放氣體。使用時置回常溫，確認活化到產生氣泡。

用蘋果酵母烘焙〈鄉村麵包〉

以酵母、高筋麵粉、鹽等簡單配方烤製的鄉村麵包，
這個基本款可說是本書中所有麵包的原點。
焦香四溢的外皮與柔軟有嚼勁的內裡。
愈嚼愈能感受到在口中擴散的小麥鮮甜以及蘋果酵母的水果味，
體會到自家製酵母麵包的箇中滋味。

材料　直徑約 21cm、1 個分量

高筋麵粉（はるゆたかブレンド）　500g

蘋果酵母　330ml

鹽（Guerande 鹽）　10g

作法

[混合材料]

1　分別計量準備材料Ⓐ。

2　在調理盆中加入高筋麵粉、鹽，用打蛋器充分混勻Ⓑ。

3　將蘋果酵母畫圓注入整個麵粉Ⓒ。

4　用木鏟慢慢畫出大圓混合Ⓓ。

5　當麵團開始黏著木鏟後，換以慣用手揉和，另一手慢慢轉動調理盆，揉和 5～10 分鐘Ⓔ。表面不平滑也沒關係。

6　持續揉和至調理盆、手上的麵團集結成一塊，裏圓麵團置於調理盆中央Ⓕ，稍微噴濕後覆蓋保鮮膜。

［一次發酵］

7 在 25 ～ 28℃的環境下，靜置 10 ～ 12 小時，讓麵團發酵膨脹 2 倍左右Ⓖ。

［整型］

8 在麵團表面撒上適量的麵粉（分量外），用刮板將麵團剝離調理盆Ⓗ，取至作業台上Ⓘ。

9 麵團表面朝上，以逆時針推轉方向盤的意象裹圓麵團（推轉 8 ～ 10 圈直到表面出現適度的張力）Ⓙ。

10 用手指捏緊接合處Ⓚ。

11 接合處朝下將裹圓的麵團置於作業台上，表面撒上適量的麵粉（分量外）Ⓛ。發酵籃內也撒上適量的麵粉（分量外），接合處朝上置入發酵籃Ⓜ。

［二次發酵］

12 在 25 ～ 28℃的環境下，放置 1 小時半～ 2 小時，讓麵團發酵膨脹一圈Ⓝ。

［烤製］

13 將烤盤置入烤箱，預熱至 200 ～ 250℃。

14 預熱完成後，注意不要燙傷取出熱燙的烤盤，鋪上烘焙紙，快速翻轉發酵籃倒出麵團，劃出十字割紋Ⓞ，側面也劃出裝飾割紋。

15 噴濕麵團表面，快速置入烤箱。箱內也需要噴濕。

16 以 180 ～ 200℃烘焙 30 分鐘左右，表面烤出焦香金黃色後出爐。

關於發酵環境

一次發酵、二次發酵皆是 25 ～ 28℃的潮濕環境最為理想。留意溫度管理，冬天注意不要過度加熱；夏天注意不要過度發酵。尤其寒冷的場合，如右圖將調理盆置入裝有熱水的塑膠箱，就能簡單整頓發酵環境。以溫度計頻繁檢查箱內的溫度，當熱水冷掉時，請替換熱水。

容器適合使用保麗龍、保溫箱、簡易型室內溫室等，請多加利用身邊的物品。

〈草莓酵母〉

順利發酵的草莓酵母液，
散發著令人不禁露出笑容的甜美香氣。
果實酸甜多汁，也適合搗泥作成酵母。
這是能為各種麵團增添風味的萬能選手。

材料　750ml瓶子、1瓶分量

草莓＊　1盒（裝約1/3瓶的量）
水　適量（注至瓶頸下方）
乾淨的瓶子＊＊　1瓶
＊　發酵酵母使用的水果，盡量選用新鮮優質的產品。
＊＊瓶子、瓶蓋皆需煮沸消毒。

作法

1 清洗草莓，取下蒂頭Ⓐ。
2 將草莓裝入乾淨的瓶中，注水至瓶頸下方Ⓑ，旋緊蓋子Ⓒ。

過程

暫時不開蓋置於室溫。
1天翻轉瓶身數次，靜默觀察情況。
當草莓的色素逐漸褪去，水質染紅，
草莓周圍開始冒出一顆顆小氣泡後Ⓓ，1天打開瓶蓋數次，給予酵母氧氣。
當打開瓶蓋的瞬間，噗咻地冒出細緻的泡沫Ⓔ時，酵母液就完成了。

發酵的基準

春夏4～5天；秋冬7～8天。
發酵不順利的場合，加入1～2小匙砂糖、蜂蜜等糖分。
在烤製麵包之前，將酵母液置於冰箱保存。
1天鬆開瓶蓋數次釋放氣體。
使用時置回常溫，確認活化到產生氣泡。

遇到這種情況的話

素材不新鮮、瓶內附著髒污、
瓶蓋沒有旋緊等原因，
可能產生難聞的臭味、發霉。
此時，請捨棄不要使用，另以乾淨的瓶子重新製作。

適合製作酵母的水果　＊適合搗泥的水果。

杏桃、草莓（乾）、梅子、柿子＊、木梨、巨峰葡萄＊、山葡萄、
李子、梨子、洋梨＊、枇杷、洋李、白桃＊、蘋果＊、
柑橘類（伊予柑、橘子、清美橘、金桔、柚子、檸檬）、
莓果類＊（草莓、黑莓、桑椹、覆盆子）

D

E

搗泥草莓酵母

清洗 1 盒草莓，取下蒂頭。裝入乾淨的瓶中，用
手持型料理棒攪拌（料理棒轉不太起來的場合，
加入適量的水（分量外）），或者先搗成泥再裝
入瓶中。暫時不開蓋置於室溫，經過 3～4 天看
到小氣泡後，打開瓶蓋像啤酒一樣溢出氣泡的
話，代表已經充分發酵。然後，在烤製麵包之前
置入冰箱，1 天鬆開瓶蓋數次釋放氣體。使用時
置回常溫，確認活化到產生氣泡。

花卉酵母

在用時令的恩惠發酵酵母的過程中，心中湧起對花卉酵母的探究心。
經過不斷嘗試錯誤，現在每年會約用 5 種的花卉酵母烘焙麵包。
當期待已久的香味開始飄散時，感謝再次來臨的季節，出外採摘花卉。

〈玫瑰酵母〉

為客人種植於庭院的古典玫瑰香氣著迷，
タロー屋的菜園也開始栽培數種用來製作酵母的玫瑰。
花卉的美麗外表不用說，從發酵完成的酵母
散發的優雅芳香，也令人如癡如醉。

材料　750ml 瓶子、1 瓶分量

玫瑰花＊　4 ～ 5 朵（不壓實裝至瓶頸下方的量）

水　適量（注至瓶頸下方）

砂糖（或者蜂蜜）　2 小匙

乾淨的瓶子＊＊　1 瓶

＊　發酵酵母使用的花卉，選用未噴灑農藥的產品。
　　另外，也要確認有無毒性再使用。

＊＊瓶子、瓶蓋皆需煮沸消毒。

作法

1 用手指壓住玫瑰花中心，剝下花瓣Ⓐ。
2 浸泡清水，洗去泥土等髒污Ⓑ。
3 將花瓣裝入乾淨的瓶中，注水至瓶頸下方，加入砂糖Ⓒ，旋緊蓋子。

過程

暫時不開蓋置於室溫。1 天翻轉瓶身數次，靜默觀察情況。當玫瑰色素逐漸褪去、
水質染色、玫瑰周圍開始冒出一顆顆氣泡後　D 的右圖，1 天打開瓶蓋數次，給
予酵母氧氣。當打開瓶蓋的瞬間，噗咻地冒出細緻的泡沫時，酵母液就完成了ⒺⒻ。

發酵的基準

春夏 4 ～ 5 天；秋冬 7 ～ 8 天。發酵不順利的場合，加入 1 ～ 2 小匙砂糖、蜂蜜等
糖分。在烤製麵包之前，將酵母液置於冰箱保存。
1 天鬆開瓶蓋數次釋放氣體。
使用時置回常溫，確認活化到產生氣泡。

遇到這種情況的話

素材不新鮮、瓶內附著髒污、瓶蓋沒有旋緊等原因，可能產生難聞的臭味、發霉。
此時，請捨棄不要使用，另以乾淨的瓶子重新製作。

適合製作酵母的花卉

洋甘菊、金木樨、玫瑰、薰衣草、八重櫻

E F

蔬菜、香草的酵母

蔬菜、香草也能夠發酵酵母。
沐浴夏日陽光長大的番茄，裡頭滿是甜美的果汁。
薄荷、百里香、迷迭香等，酵母也會棲息於香草中。

〈番茄酵母〉

剛採摘的成熟番茄是酵母的佳餚。
除了將果實對半切開，與水一同下料的方法之外，
以料理棒搗成泥發酵，能夠製作更強力的酵母液。

材料　750ml 瓶子、1 瓶分量

小番茄＊　1 盒（裝約 1/3 瓶的量）
水　適量（注至瓶頸下方）
乾淨的瓶子＊＊　1 瓶
＊發酵酵母使用的蔬菜，盡量選用新鮮優質的產品。
＊＊瓶子、瓶蓋皆需煮沸消毒。

作法

1 洗小番茄，取下蒂頭對半切開Ⓐ。
2 將小番茄裝入乾淨的瓶中，注水至瓶頸下方Ⓑ，旋緊蓋子。

過程

暫時不開蓋置於室溫。1 天翻轉瓶身數次，靜默觀察情況。下料後 4 ～ 5 天，
番茄的精華褪去、水質開始混濁Ⓒ，番茄浮起來的話Ⓓ，代表發酵順利進行。
然後，1 天打開瓶蓋數次，給予酵母氧氣。當打開瓶蓋的瞬間，噗咻地冒出細
緻的泡沫時Ⓔ，酵母液就完成了。

Ⓐ

Ⓑ

發酵的基準

春夏 4 ～ 5 天；秋冬 7 ～ 8 天。
發酵不順利的場合，加入 1 ～ 2 小匙砂糖、蜂蜜等糖分。
在烤製麵包之前，將酵母液置於冰箱保存。
1 天鬆開瓶蓋數次釋放氣體。
使用時置回常溫，確認活化到產生氣泡。

遇到這種情況的話

素材不新鮮、瓶內附著髒污、
瓶蓋沒有旋緊等原因，
可能產生難聞的臭味、發霉。
此時，請捨棄不要使用，另以乾淨的瓶子重新製作。

適合製作酵母的蔬菜、香草　＊適合搗泥的植物。

番茄＊、小番茄＊、百里香、薄荷、迷迭香、艾草

[香草酵母的場合]

浸泡清水，洗去泥土等髒污後，裝入乾淨
的瓶中，注水並加入 2 小匙左右的砂糖或
者蜂蜜。發酵不順利的場合，追加更多的
砂糖等。香草的周圍冒出一顆顆小氣泡
後，1 天給予氧氣數次。當打開瓶蓋的瞬
間，噗咻地冒出細緻的泡沫時，酵母液就
完成了。

C D
E

搗泥番茄酵母

清洗 1 盒小番茄，取下蒂頭對半切開。裝入乾淨的瓶中，用手持型料理棒攪拌（料理棒轉不太起來的場合，加入適量的水（分量外）），或者先搗成泥再裝入瓶中。暫時不打開瓶蓋置於室溫，經過 3～4 天看到小氣泡，打開瓶蓋噗咻地冒泡沫，發出清爽的番茄氣息的話，代表已經充分發酵。然後，在烤製麵包之前置入冰箱，1 天鬆開瓶蓋數次釋放氣體。使用時置回常溫，確認活化到產生氣泡。

春

自染井吉野櫻開花遲約半個月，
夕ロー屋迎來了春天。
從親戚家的老樹上採摘八重櫻的嫩葉、
花苞，
裝入瓶中發酵。
居家附近的春天恩惠、
母親栽培的花卉，
接二連三送來工房。
八重櫻、洋甘菊、玫瑰……，
然後，烘焙散發花香的春季麵包。

草莓酵母的鄉村麵包

微微飄逸草莓香氣，散發春天氣息的主餐麵包。
推薦切片直接食用，或者烤過後享用。
跟草莓果醬非常對味。

材料　直徑約 21cm、1 個分量
高筋麵粉（はるゆたかブレンド）　500g

草莓酵母　330ml

鹽（Guerande 鹽）　10g

作法
［混合材料］
1 高筋麵粉加入鹽，用打蛋器充分混勻。
2 將草莓酵母畫圓注入整個麵粉，用木鏟慢慢畫出大圓混合。
3 當麵團開始黏著木鏟後，換以慣用手揉和，另一手慢慢轉動調理盆，揉和 5 ～ 10 分鐘。
4 持續揉和至調理盆、手上的麵團集結成一塊，裹圓麵團置於調理盆中央，稍微噴濕後覆蓋保鮮膜。
［一次發酵］
5 在 25 ～ 28℃的環境下，靜置 10 ～ 12 小時，讓麵團發酵膨脹 2 倍左右。
［整型］
6 在麵團表面撒上適量的麵粉（分量外），用刮板將麵團剝離調理盆，取至作業台上。
7 麵團表面朝上，以逆時針推轉方向盤的意象裹圓麵團（推轉 8 ～ 10 圈直到表面出現適度的張力）。
8 用手指捏緊接合處。
9 接合處朝下，將裹圓的麵團置於作業台上，表面撒上適量的麵粉（分量外）。發酵籃內也撒上適量的麵粉（分量外），接合處朝上置入發酵籃。
［二次發酵］
10 在 25 ～ 28℃的環境下，放置 1 小時半～ 2 小時，讓麵團發酵膨脹一圈。
［烤製］
11 將烤盤置入烤箱，預熱至 200 ～ 250℃。
12 熱完成後，注意不要燙傷取出熱燙的烤盤，鋪上烘焙紙，快速翻轉發酵籃倒出麵團，劃出十字割紋。
13 預熱完成後，噴濕麵團表面，快速置入烤箱。箱內也需要噴濕。
14 以 180 ～ 200℃烘焙 30 分鐘左右，表面烤出焦香金黃色後出爐。

搗泥草莓酵母的白麵包

用搗泥草莓酵素作成的雙子形麵包。
短時間烘焙帶出軟韌的口感、十足的風味，
非常適合當作孩童的點心。

材料　6 個分量

高筋麵粉（はるゆたかブレンド）　400g

搗泥草莓酵母　260ml

砂糖　30g

鹽（Guerande 鹽）　8g

作法

[混合材料]

① 在調理盆中加入高筋麵粉、砂糖、鹽，用打蛋器充分混勻。

② 將搗泥草莓酵母畫圓注入整個麵粉，用木鏟慢慢畫出大圓混合。

③ 當麵團開始黏著木鏟後，換以慣用手揉和，另一手慢慢轉動調理盆，揉和 5 ～ 10 分鐘。

④ 持續揉和至調理盆、手上的麵團集結成一塊，裹圓麵團置於調理盆中央，稍微噴濕後覆蓋保鮮膜。

[一次發酵]

⑤ 在 25 ～ 28℃的環境下，靜置 6 ～ 8 小時，讓麵團發酵膨脹 2 倍左右。

[分割、休息靜置]

⑥ 在麵團表面撒上適量的麵粉（分量外），用刮板將麵團剝離調理盆，取至作業台上。

⑦ 將麵團分成 6 等分，注意不讓表面撕裂稍微裹圓，蓋上濕潤的布帛，靜置 15 分鐘左右。

[整型]

⑧ 將烘焙紙切割成 6 張 12×12cm 的正方形，鋪於烤盤上。

⑨ 在麵團表面撒上適量的麵粉（分量外）。將細棒、調理筷等置於麵團的中心，壓滾成雙子形狀Ⓐ，置於烤盤上排好的烘焙紙Ⓑ。

[二次發酵]

⑩ 在 25 ～ 28℃的環境下，放置 1 小時～ 1 小時半，讓麵團發酵膨脹一圈。

[烤製]

⑪ 將烤箱預熱至 200 ～ 250℃。

⑫ 在麵團表面撒上適量的麵粉（分量外），若雙子形變得不明顯，再用擀麵棍整頓形狀Ⓒ。

⑬ 預熱完成後，噴濕麵團表面，快速置入烤箱。箱內也需要噴濕，以 180℃烘焙 10 分鐘左右。

搗泥草莓酵母的方形吐司

草莓酵母甜美馥郁的香氣，本身就是一種幸福。
以模具烘焙的方形吐司將風味鎖進麵包中，
能夠毫無保留地享用草莓酵母的魅力。

材料　1斤分量

高筋麵粉（はるゆたかブレンド）　400g

搗泥草莓酵母　260ml

砂糖　20g

鹽（Guerande鹽）　7g

作法

[混合材料]

1 在調理盆中加入高筋麵粉、砂糖、鹽，用打蛋器充分混勻。

2 將搗泥草莓酵母畫圓注入整個麵粉，用木鏟慢慢畫出大圓混合。

3 當麵團開始黏著木鏟後，換以慣用手揉和，另一手慢慢轉動調理盆，揉和5～10分鐘。

4 持續揉和至調理盆、手上的麵團集結成一塊，裹圓麵團置於調理盆中央，稍微噴濕後覆蓋保鮮膜。

[一次發酵]

5 在25～28℃的環境下，靜置6～8小時，讓麵團發酵膨脹2倍左右。

[休息靜置]

6 在吐司模具與模蓋上塗抹薄油（分量外）。

7 在麵團表面撒上適量的麵粉（分量外），用刮板將麵團剝離調理盆，取至作業台上。

8 麵團表面朝上，注意不讓表面撕裂稍微裹圓，蓋上濕潤的布帛，靜置15分鐘左右。

[整型]

9 在麵團表面撒上適量的麵粉（分量外）。用擀麵棍推展麵團成16×20 cm的橢圓形，翻面將下半部1/3、上半部1/3摺向中心，再對摺整成海參狀，捏緊接合處，麵團接合處朝下置入模具。

[二次發酵]

10 在25～28℃的環境下，放置1小時～1小時半，待麵團膨脹至模具邊緣後，蓋上模蓋。

[烤製]

11 將烤箱預熱至200～250℃。

12 預熱完成後，快速置入烤箱，以180℃烘焙28分鐘左右。

13 從烤箱取出，拿掉模蓋，快速脫模取出吐司。

玫瑰酵母的果乾麵包

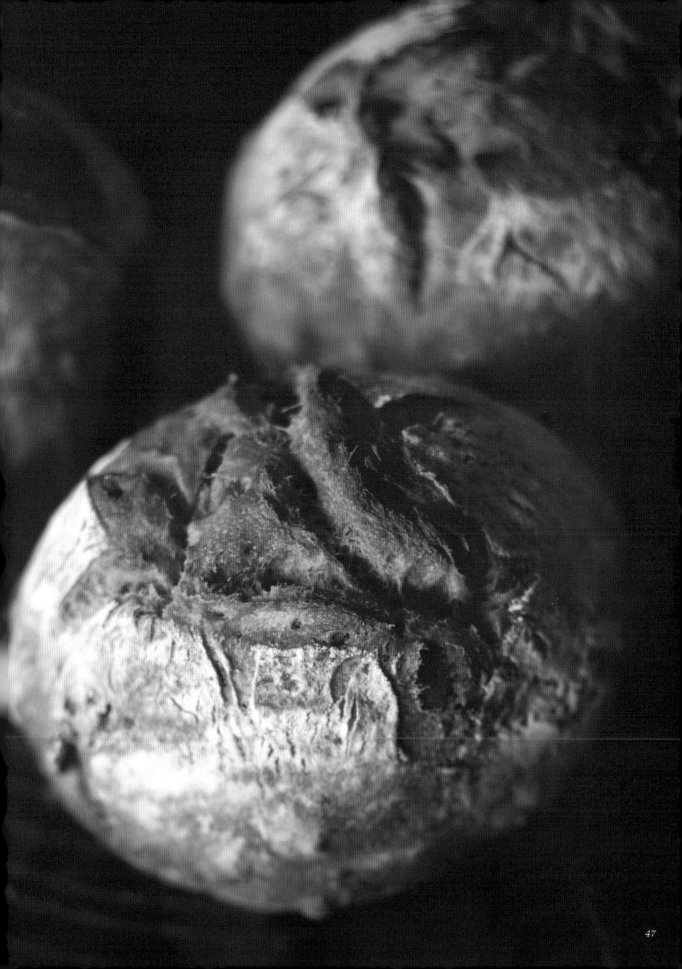

玫瑰酵母的果乾麵包

玫瑰酵母麵包的魅力，
來自於麵團與副材料的巧妙組合。
在散發玫瑰香的麵團裡，
4 種果乾交織成優雅卻複雜的旋律，
一款深具浪漫的花卉酵母麵包。

材料　直徑約 8cm、4 個分量

高筋麵粉（はるゆたかブレンド）　300g

玫瑰酵母　170ml

蜂蜜（或者覆盆子醬）　30g

葡萄乾　45g

杏桃乾　30g

蔓越莓乾　30g

糖漬橙皮　30g

鹽（Guerande 鹽）　6g

作法

［混合材料］

① 葡萄乾浸水約 5 分鐘，用濾網瀝乾水分。粗切杏桃乾。

② 在調理盆中加入高筋麵粉、鹽，用打蛋器充分混勻。

③ 混拌玫瑰酵母與蜂蜜，畫圓注入整個麵粉，用木鏟慢慢畫出大圓混合。

④ 當麵團開始黏著木鏟後，換以慣用手揉和，另一手慢慢轉動調理盆，揉和 5 ～ 10 分鐘。

⑤ 持續揉和至麵團集結成一塊，加入 ① 與剩下的果乾，揉和數分鐘均勻分布。

⑥ 裹圓麵團置於調理盆中央，稍微噴濕後覆蓋保鮮膜。

［一次發酵］

⑦ 在 25 ～ 28℃ 的環境下，靜置 10 ～ 12 小時，讓麵團發酵膨脹 2 倍左右。

［分割、休息靜置］

⑧ 在麵團表面撒上適量的麵粉（分量外），用刮板將麵團剝離調理盆，取至作業台上。

⑨ 將麵團分成 4 等分，蓋上濕潤的布帛，靜置 15 分鐘左右。

［整型］

⑩ 稍微裹圓麵團Ⓐ，不捏緊接合處Ⓑ，撒上適量的麵粉（分量外）。

⑪ 在帆布撒上充足的適量麵粉（分量外），拱起凹槽，接合處朝下放置麵團Ⓒ。

［二次發酵］

⑫ 在 25 ～ 28℃ 的環境下，放置 1 小時半～ 2 小時，讓麵團發酵膨脹一圈。

［烤製］

⑬ 將烤盤置入烤箱，預熱至 200 ～ 250℃。

⑭ 預熱完成後，注意不要燙傷取出熱燙的烤盤，鋪上烘焙紙，接合處朝上快速放置麵團。

⑮ 噴濕麵團表面，快速置入烤箱。箱內也需要噴濕。

⑯ 以 180 ～ 200℃ 烘焙 20 分鐘左右，直到表面烤出焦香金黃色。

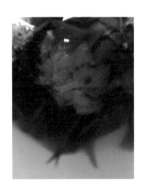

八重櫻酵母的全麥麵包

當染井吉野櫻的花期迎接尾聲，
八重櫻緊接著冒出新芽。
將剛採摘的嫩葉與花苞下料瓶中 1 個禮拜。
順利完成發酵的酵母略帶粉紅色，
散發出櫻餅般的芳香。
摻入全麥麵粉的麵團，跟花卉酵母非常相配。
咬下帶勁的內裡，櫻花的香氣便在口中擴散開來。

材料　長度約 22cm、1 個分量

高筋麵粉（はるゆたかブレンド）　250g
全麥麵粉（石臼挽き全粒粉）　250g
八重櫻酵母　330ml
鹽（Guerande 鹽）　10g

作法

[混合材料]

1 在調理盆中加入高筋麵粉、全麥麵粉、鹽，用打蛋器充分混勻。

2 將八重櫻酵母畫圓注入整個麵粉，用木鏟慢慢畫出大圓混合。

3 當麵團開始黏著木鏟後，換以慣用手揉和，另一手慢慢轉動調理盆，揉和 5 ～ 10 分鐘。

4 持續揉和至調理盆、手上的麵團集結成一塊，裹圓麵團置於調理盆中央，稍微噴濕後覆蓋保鮮膜。

[一次發酵]

5 在 25 ～ 28℃ 的環境下，靜置 10 ～ 12 小時，讓麵團發酵膨脹 2 倍左右。

[休息靜置]

6 在麵團表面撒上適量的麵粉（分量外），用刮板將麵團剝離調理盆，取至作業台上。

7 稍微裹圓麵團，蓋上濕潤的布帛，靜置 15 分鐘左右。

[整型]

8 在麵團表面撒上適量的麵粉（分量外），用擀麵棍推展麵團成 16×20cm 的橢圓形Ⓐ。翻面將下半部 1/3、上半部 1/3 摺向中心Ⓑ，再對摺整成橄欖球狀，捏緊接合處Ⓒ。

9 表面撒上適量的麵粉（分量外），發酵籃（鵝蛋型）內也撒上適量的麵粉（分量外），接合處朝上置入發酵籃Ⓓ。

[二次發酵]

10 在 25 ～ 28℃ 的環境下，放置 1 小時半～ 2 小時，讓麵團發酵膨脹一圈。

[烤製]

11 將烤盤置入烤箱，預熱至 200 ～ 250℃。

12 預熱完成後，注意不要燙傷取出熱燙的烤盤，鋪上烘焙紙，快速翻轉發酵籃倒出麵團，劃出 1 條縱向割紋Ⓔ。

13 噴濕麵團表面，快速置入烤箱。箱內也需要噴濕。

14 以 180 ～ 200℃ 烘焙 30 分鐘左右，直到表面烤出焦香金黃色。

洋甘菊酵母的英式瑪芬

A B
C D

洋甘菊酵母的英式瑪芬

散發微微洋甘菊香的英式馬芬。
請先直接品嚐，感受其清爽的風味。
這款麵包非常適合作為早餐。

材料　直徑約 9cm、5 個分量

高筋麵粉（はるゆたかブレンド）　300g

洋甘菊酵母　200ml

砂糖　20g

鹽（Guerande 鹽）　5g

粗玉米粉　適量

作法

[混合材料]

① 在調理盆中加入高筋麵粉、砂糖、鹽，用打蛋器充分混勻。

② 將洋甘菊酵母畫圓注入整個麵粉，用木鏟慢慢畫出大圓混合。

③ 當麵團開始黏著木鏟後，換以慣用手揉和，另一手慢慢轉動調理盆，揉和 5 ～ 10 分鐘。

④ 持續揉和至調理盆、手上的麵團集結成一塊，裹圓麵團置於調理盆中央，稍微噴濕後覆蓋保鮮膜。

[一次發酵]

⑤ 在 25 ～ 28℃ 的環境下，靜置 10 ～ 12 小時，讓麵團發酵膨脹 2 倍左右。

[分割、整型]

⑥ 在烤盤鋪上烘焙紙，紙上排列無底模具，模具內也圍上等高的烘焙紙。

⑦ 在排列的模具裡面撒上粗玉米粉。

⑧ 在麵團表面撒上適量的麵粉（分量外），用刮板將麵團剝離調理盆，取至作業台上。將麵團分成 5 等分，注意不讓表面撕裂稍微裹圓。

⑨ 用手指捏緊接合處，接合處朝下置入模具Ⓐ。

[二次發酵]

⑩ 在 25 ～ 28℃ 的環境下，放置 1 小時半～ 2 小時，讓麵團發酵膨脹至凸出模具。

[烤製]

⑪ 將烤箱預熱至 200 ～ 250℃。

⑫ 噴濕麵團表面，撒上粗玉米粉Ⓑ，用烘焙紙覆蓋全體，疊上另一個烤盤Ⓒ。

⑬ 預熱完成後，快速置入烤箱。

⑭ 以 180℃ 烘焙 10 分鐘左右。從烤箱中取出，注意不要燙傷快速取下模具，剝去周圍的烘焙紙Ⓓ。

材料　約 10 枚分量

低筋麵粉　300g

搗泥草莓酵母　300ml

牛奶（或者豆漿）　300ml

蛋　1 顆

砂糖　大匙 30g

鹽　少許

油　適量

莓果醬＊　適量

去水優格＊＊　適量

喜歡的莓果　適宜

＊莓果醬
將喜歡的莓果（草莓、覆盆子、黑莓等）、半量的砂糖、少許檸檬汁倒入小鍋子，用小火煮約 10 分鐘。

＊＊去水優格
在調理盆上放置篩網，鋪上紙巾再倒入優格包好，置入冰箱一晚瀝乾水分。

用搗泥草莓酵母烤製
「我家鬆餅」

用自家酵母烤製的鬆餅鬆軟可口、風味十足。
搗泥草莓酵母鬆餅是我家的經典餐點。
在香甜的酵母裡，加入低筋麵粉、牛奶或者豆漿、蛋，
然後再混合砂糖，靜默守候到發酵冒出氣泡。
想要當作早餐時，可於前天晚上先作好麵糊，置入冰箱一晚。
鬆餅會好吃到令人一口接著一口，
需要多準備一些麵糊喔。

作法

1 在調理盆中加入低筋麵粉、搗泥草莓酵母、牛奶、蛋、砂糖、鹽，用打蛋器混合到粉的結塊消失。覆蓋保鮮膜，靜置冰箱一晚發酵。

2 麵糊冒出氣泡發酵後Ⓐ，倒入下油後的平底鍋Ⓑ，表面開始起泡破裂時Ⓒ，翻面煎至兩面呈現金黃色Ⓓ。

3 在盤中疊上數片，放上去水優格，澆淋莓果醬，最後再裝飾喜歡的莓果。

summer

夏

1年之中山地最美、
生命力旺盛的梅雨時分。
香草青綠茂盛，
籬笆上的覆盆子開始熟紅。
一面注意烤箱的情況，
趁著烘焙麵包的空檔，
跑到黎明將至的田地裡，
勤奮採摘莓果。
覆盆子、薰衣草、番茄……，
不知不覺之間，
酵母瓶也染上鮮豔的夏季色彩。
利用田地的恩惠，
烘焙出野味十足的麵包。

薰衣草酵母與蜂蜜的橄欖麵包

薰衣草色的酵母液美得令人驚豔。
真的就是夏季色彩。其芳香帶有強烈的個性，
配上蜂蜜的甘甜與濃醇，整體取得良好的平衡。
薰衣草搖身變成鮮豔香噴的橄欖麵包。

材料　長度約 22cm、2 條分量

高筋麵粉（はるゆたかブレンド）　500g

薰衣草酵母　330ml

蜂蜜　50g

鹽（Guerande 鹽）　10g

作法

[混合材料]

1 在調理盆中加入高筋麵粉、鹽，用打蛋器充分混勻。

2 混拌薰衣草酵母與蜂蜜，畫圓注入麵粉，用木鏟慢慢畫出大圓混合。

3 當麵團開始黏著木鏟後，換以慣用手揉和，另一手慢慢轉動調理盆，揉和 5 ～ 10 分鐘。

4 持續揉和至調理盆、手上的麵團集結成一塊，裹圓麵團置於調理盆中央，稍微噴濕後覆蓋保鮮膜。

[一次發酵]

5 在 25 ～ 28℃ 的環境下，靜置 10 ～ 12 小時，讓麵團發酵膨脹 2 倍左右。

[分割、休息靜置]

6 在麵團表面撒上適量的麵粉（分量外），用刮板將麵團剝離調理盆，取至作業台上。

7 將麵團分成 2 等分裹圓，蓋上濕潤的布帛，靜置 15 分鐘左右。

[整型]

8 在麵團表面撒上適量的麵粉（分量外），用擀麵棍推展麵團成 16×20cm 的橢圓形，翻面將下半部 1/3、上半部 1/3 摺向中心，再對摺整成海參狀，捏緊接合處。

9 在在帆布撒上充足的適量麵粉（分量外），拱起凹槽，接合處朝下放置麵團。

[二次發酵]

10 在 25 ～ 28℃ 的環境下，放置 1 小時半～ 2 小時，讓麵團發酵膨脹一圈。

[烤製]

11 將烤盤置入烤箱，預熱至 200 ～ 250℃。

12 預熱完成後，注意不要燙傷取出熱燙的烤盤，鋪上烘焙紙，快速排列麵團，撒上適量的麵粉（分量外），劃出格狀割紋。

13 噴濕麵團表面，快速置入烤箱。箱內也需要噴濕。

14 以 180 ～ 200℃ 烘焙 26 分鐘左右，表面烤出焦香金黃色後出爐。

白桃酵母的吐司

飽滿鮮甜果汁的白桃，
是特別適合製作酵母的夏季水果。
其發酵力直接讓窯中的麵團有活力地膨脹，
烤出焦香的外皮、軟韌的內裡。

材料　1斤分量

高筋麵粉（はるゆたかブレンド）　400g

白桃酵母　260ml

砂糖　20g

鹽（Guerande 鹽）　7g

作法

［混合材料］

1 在調理盆中加入高筋麵粉、砂糖、鹽，用打蛋器充分混勻。

2 將白桃酵母畫圓注入整個麵粉，用木鏟慢慢畫出大圓混合。

3 當麵團開始黏著木鏟後，換以慣用手揉和，另一手慢慢轉動調理盆，揉和 5 ～ 10 分鐘。

4 持續揉和至調理盆、手上的麵團集結成一塊，裹圓麵團置於調理盆中央，稍微噴濕後覆蓋保鮮膜。

［一次發酵］

5 在 25 ～ 28℃ 的環境下，靜置 10 ～ 12 小時，讓麵團發酵膨脹 2 倍左右。

［休息靜置］

6 在吐司模具內側塗抹薄油（分量外）。

7 在麵團表面撒上適量的麵粉（分量外），用刮板將麵團剝離調理盆，取至作業台上。

8 麵團表面朝上，注意不讓表面撕裂稍微裹圓Ⓐ，蓋上濕潤的布帛，靜置 15 分鐘左右。

［整型］

9 在麵團表面撒上適量的麵粉（分量外），用擀麵棍推展麵團成 16×20cm 的橢圓形Ⓑ，翻面將下半部 1/3、上半部 1/3 摺向中心，再對摺整成海參狀，捏緊接合處Ⓒ，麵團接合處朝下置入模具Ⓓ。

［二次發酵］

10 在 25 ～ 28℃ 的環境下，放置 1 小時半～ 2 小時，讓麵團發酵膨脹凸出模具上半部。

［烤製］

11 將烤箱預熱至 200 ～ 250℃。

12 予熱完了後、噴濕麵團表面，快速置入烤箱。箱內也需要噴濕。

13 以 180℃ 烘焙 28 分鐘左右，表面烤出焦香金黃色後出爐，快速脫模。

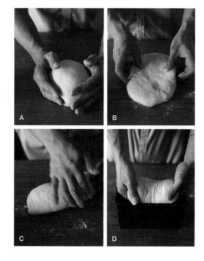

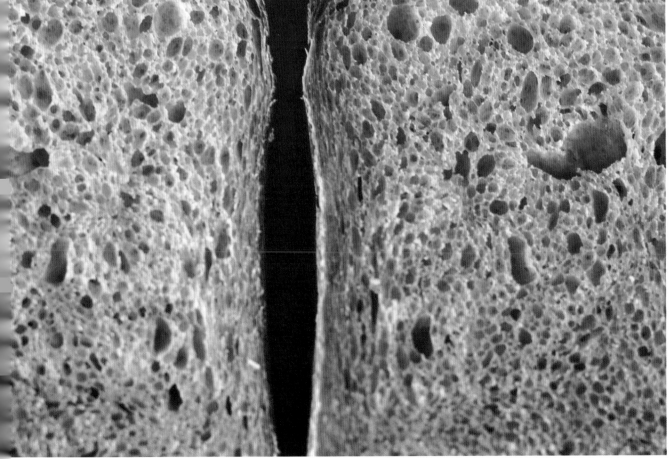

覆盆子酵母的貝果

覆盆子酵母的貝果

覆盆子色麵團點綴蔓越莓的初夏貝果。
享受自家製酵母麵包特有的嚼勁、
軟韌彈牙的口感。

材料　5 個分量

高筋麵粉（はるゆたかブレンド）　300g

覆盆子酵母　180ml

蔓越莓乾　30g

砂糖　5g

鹽（Guerande 鹽）　5g

蜂蜜　適量

作法

［混合材料］

1 在調理盆中加入高筋麵粉、砂糖、鹽，用打蛋器充分混勻。

2 將覆盆子酵母畫圓注入整個麵粉，用木鏟慢慢畫出大圓混合。

3 當麵團開始黏著木鏟後，換以慣用手揉和，另一手慢慢轉動調理盆，揉和 5 ～ 10 分鐘。

4 持續揉和至調理盆、手上的麵團集結成一塊，加入粗切的蔓越莓乾，揉和數分鐘均勻分布。

5 裹圓麵團置於調理盆中央，稍微噴濕後覆蓋保鮮膜。

［一次發酵］

6 在 25 ～ 28℃ 的環境下，靜置 10 ～ 12 小時，讓麵團發酵膨脹 2 倍左右。

［分割、休息靜置］

7 在麵團表面撒上適量的麵粉（分量外），用刮板將麵團剝離調理盆，取至作業台上。

8 將麵團分成 5 等分稍微裹圓，蓋上濕潤的布帛，靜置 15 分鐘左右。

［整型］

9 用擀麵棍推展麵團Ⓐ，摺疊成長約 20cm 的棒狀Ⓑ。其中一端用擀麵棍壓平Ⓒ，包覆另一端Ⓓ，捏緊接合處成環狀Ⓔ。

10 在烤盤上排列 5 張 12×12cm 的裁切烘焙紙，放上貝果Ⓕ。

［二次發酵］

11 在 25 ～ 28℃ 的環境下，放置 1 小時～ 1 小時半，讓麵團發酵膨脹一圈。

［預熱、煮沸］

12 將烤箱預熱至 200 ～ 250℃，鍋內加入水（分量外）和蜂蜜煮沸。

［煮熟、烤製］

13 在煮沸的熱水，連同烘焙紙輕輕放入11，上下面各煮 30 秒（烘焙紙在熱水中剝落後摘除）Ⓖ。

14 瀝乾水分，排列在鋪有烘焙紙的烤盤上Ⓗ，以 180℃ 烘焙 18 分鐘左右，直到表面烤出焦香金黃色Ⓘ。

番茄酵母的披薩

番茄酵母的披薩

梅雨季即將結束，父親栽種的田園番茄開始轉紅。
烘烤夏日風景詩——番茄酵母披薩吧。
推薄番茄色的麵團，鋪滿色彩繽紛的番茄，
最後撒上混拌橄欖油、鹽、香草的麵包粉，置入烤箱。
大口吃下剛出爐的披薩，番茄的鮮甜便在口中恣意竄流。

<u>材料　20×25cm 的長方形、1 片分量</u>

［麵團］

準高筋麵粉（TYPE-ER）　250g

番茄酵母　160ml

橄欖油　15g

鹽（Guerande 鹽）　5g

［配料］

小番茄　適量（切半）

麵包粉　適量

香草（奧勒岡、羅勒）　適量

鹽　2 小撮

橄欖油　適量

作法

［混合材料］

①　在調理盆中加入準高筋麵粉、鹽，用打蛋器充分混勻。

②　將番茄酵母畫圓注入整個麵粉，用木鏟慢慢畫出大圓混合。

③　當麵團開始黏著木鏟後，換以慣用手揉和，另一手慢慢轉動調理盆，揉和 5 ～ 10 分鐘。

④　持續揉和至調理盆、手上的麵團集結成一塊，加入橄欖油，揉和數分鐘均勻分布。

⑤　裹圓麵團置於調理盆中央，稍微噴濕後覆蓋保鮮膜。

［一次發酵］

⑥　在 25 ～ 28℃ 的環境下，靜置 10 ～ 12 小時，讓麵團發酵膨脹 2 倍左右。

［整型］

⑦　在麵團表面撒上適量的麵粉（分量外），用刮板將麵團剝離調理盆，取至鋪有烘焙紙的烤盤上。

⑧　麵團表面朝上，用手輕壓推展成 20×25cm 的長方形。

［二次發酵］

⑨　在 25 ～ 28℃ 的環境下，放置 1 小時左右，讓麵團發酵膨脹。

［配料］

⑩　小番茄切半，麵包粉混拌香草、鹽、橄欖油。

⑪　用叉子鑿洞整個麵團，截面朝上排滿小番茄，撒上⑩ 的麵包粉。

［烤製］

⑫　將烤箱預熱至 200 ～ 250℃。

⑬　預熱完成後，將⑪ 快速置入烤箱。

⑭　以 200 ～ 230℃ 烘焙 25 分鐘左右，直到披薩邊烤出金黃色。

薄荷酵母的巧克力圓麵包

利用田邊茂盛生長的薄荷發酵酵母，
作成薄荷巧克力的風味。
這是出自內人點子的麵包。
在以薄荷酵母液捏成的麵團裡，放進滿滿的巧克力豆。
自然的薄荷巧克力風味，真的很不一樣。

材料　直徑約 10cm、2 個分量

高筋麵粉（はるゆたかブレンド）　250g

薄荷酵母　170ml

巧克力豆　60g

薄荷葉　適量

鹽（Guerande 鹽）　5g

作法

[混合材料]

① 在調理盆中加入高筋麵粉、鹽，用打蛋器充分混勻。

② 將薄荷酵母畫圓注入整個麵粉，用木鏟慢慢畫出大圓混合。

③ 當麵團開始黏著木鏟後，換以慣用手揉和，另一手慢慢轉動調理盆，揉和 5 ～ 10 分鐘。

④ 加入巧克力豆、粗切的薄荷葉，揉和數分鐘均勻分布。

⑤ 裹圓麵團置於調理盆中央，稍微噴濕後覆蓋保鮮膜。

[一次發酵]

⑥ 在 25 ～ 28℃的環境下，靜置 10 ～ 12 小時，讓麵團發酵膨脹 2 倍左右。

[分割、整型]

⑦ 在麵團表面撒上適量的麵粉（分量外），用刮板將麵團剝離調理盆，取至作業台上。

⑧ 將麵團分成 2 等分，以逆時針推轉方向盤的意象裹圓麵團（推轉 8 ～ 10 圈直到表面出現適度的張力）。

⑨ 用手指捏緊接合處。

⑩ 在帆布撒上充足的適量麵粉（分量外），拱起凹槽，接合處朝下放置麵團。

[二次發酵]

⑪ 在 25 ～ 28℃的環境下，放置 1 小時半～ 2 小時，讓麵團發酵膨脹一圈。

[烤製]

⑫ 將烤盤置入烤箱，預熱至 200 ～ 250℃。

⑬ 預熱完成後，注意不要燙傷取出熱燙的烤盤，鋪上烘焙紙，快速排列麵團，撒上適量的麵粉（分量外），劃出 5 條斜割紋。

⑭ 噴濕麵團表面，快速置入烤箱。箱內也需要噴濕，以 180 ～ 200℃烘焙 18 分鐘左右。

水梨酵母與玉米的田園麵包

水梨酵母與玉米的
田園麵包

注意到水梨與玉米的甘甜品質，
嘗試組合後，赫然發現兩者極品絕配。
以最小限度捏成高含水麵團，
各個地方再以摺疊的方式建構內裡。
透過長時間冷藏發酵促其熟成，
引出更多的鮮甜滋味。

材料　直徑約 10cm、4 個分量

高筋麵粉（はるゆたかブレンド）　500g

玉米　2 根

水梨酵母　400ml

鹽（Guerande 鹽）　11g

作法

[混合材料]

1 煮熟玉米，剝下玉米粒。

2 將高筋麵粉、鹽過篩撒入調理盆。

3 將水梨酵母畫圓注入整個麵粉，稍微混合。一面慢慢轉動調理盆，一面將麵團向中央摺疊混合 8 ～ 10 次。

4 整體集結成塊後，加入玉米粒摺疊混合Ⓐ。

5 均勻混合後Ⓑ，覆蓋保鮮膜Ⓒ。

[一次發酵]

6 在常溫下靜置 3 小時左右，置入冰箱長時間熟成發酵 10 ～ 12 小時。

7 從冰箱取出，靜置降回常溫，直到麵團發酵膨脹 2 倍左右Ⓓ。

[分割、整型]

8 在麵團表面撒上適量的麵粉（分量外），用刮板將麵團剝離調理盆Ⓔ，取至作業台上。

9 撒上充足適量的麵粉（分量外），注意不要黏著於作業台摺疊數次。用刮板分成 4 等分Ⓕ，稍微整頓形狀Ⓖ。

10 在帆布撒上充足適量的麵粉（分量外），拱起凹槽，接合處朝下放置麵團Ⓗ。

[二次發酵]

11 在 25 ～ 28℃的環境下，放置 1 小時～ 1 小時半，讓麵團發酵膨脹一圈。

[烤製]

12 將烤盤置入烤箱，預熱至 200 ～ 250℃。

13 預熱完成後，注意不要燙傷取出熱燙的烤盤，接合處朝上放置麵團Ⓘ。噴濕麵團表面，快速置入烤箱。箱內也需要噴濕。

14 以 200℃烘焙 20 分鐘左右，直到表面烤出焦香金黃色。

用鑄鐵鍋烤製美味的鄉村麵包

使用鑄鐵鍋的話，本書介紹的鄉村麵包、田園麵包等高含水麵包，
就能不受烤箱的性能影響，烤出不輸給麵包店的美好滋味。
使用的訣竅是，連同烤箱確實預熱鍋子。
在密閉的熱鍋中，麵團中的水分會替代蒸氣，烤出蓬鬆帶有光澤。
烘焙 15 分鐘後，取下蓋子或者從鍋中取出，再烤至表面呈現金黃色。
進行作業時，小心不要燙傷。
二次發酵之前的作業，請參照本書蘋果酵母鄉村麵包（p26 ～ 31）的食譜。

本書食譜的活用方法

▪ 將鍋子置入烤箱，預熱 200 ～ 250℃。
▪ 從烤箱取出鍋子，在鍋底鋪上烘焙紙。
▪ 注意不要燙傷將麵團倒入鍋底中央，劃上割紋。
▪ 蓋上鍋蓋，以 180 ～ 200℃烘焙 15 分鐘後，取下蓋子或者將
　從鍋中取出進一步烤製（烤至焦香金黃色約需 15 分鐘）。

鍋子大小與麵團分量

▪ 直徑 20cm 左右的鍋子，麵團最多烤製 500g。
▪ 直徑 25cm 左右的鍋子，麵團最多烤製 1000g。

左圖為 20cm「STAUB」，也推薦「LE CREUSET」、「VERMICULAR」等鑄鐵鍋。右圖為「LODGE」的「Dutch Oven Combo Cooker」，可兼作單柄鍋與附蓋平底鍋的款式，約可烤製 1000g 的麵團。但是，這款可能放不進家庭用烤箱，所以推薦鍋類的「Double Dutch Oven」。Dutch Oven 可上下當作鍋蓋放置麵團，或者合起來當作附有蓋子的鍋具。

秋
autumn

飄著金木樨香氣的澄淨空氣，
述說著秋天一步步的到來。
前陣子還忙得焦頭爛額，
現在卻能夠慢慢等待發酵，
在面對麵包的心境上，
似乎多了一份餘裕。
遠望庭園，
野鳥們正盤算何時啄食柿子。
早晨來得愈來愈遲。
瓶中的金木樨、
蘋果、葡萄、無花果，
秋天的果實都等不及變成麵包。

巨峰酵母的歐式葡萄麵包

毫不吝嗇地揉進優質葡萄乾。
濕潤的內裡帶著濃厚的滋味，
散發巨峰酵母的水果味與果乾的甘甜。
淋漓盡致發揮深秋葡萄魅力的麵包。

材料　長度約 22cm、2 條分量

高筋麵粉（はるゆたかブレンド）　500g

巨峰酵母　330ml

葡萄乾　200g

鹽（Guerande 鹽）　10g

作法

［混合材料］

1 葡萄乾浸水 5 分鐘左右，用濾網瀝乾水分。

2 在調理盆中加入高筋麵粉、鹽，用打蛋器充分混勻。

3 將巨峰酵母畫圓注入整個麵粉，用木鏟慢慢畫出大圓混合。

4 當麵團開始黏著木鏟後，換以慣用手揉和，另一手慢慢轉動調理盆，揉和 5 ～ 10 分鐘。

5 持續揉和至調理盆、手上的麵團集結成一塊，加入葡萄乾，揉和數分鐘均勻分布。

6 裹圓麵團置於調理盆中央，稍微噴濕後覆蓋保鮮膜。

［一次發酵］

7 在 25 ～ 28℃的環境下，靜置 10 ～ 12 小時，讓麵團發酵膨脹 2 倍左右。

［分割、休息靜置］

8 在麵團表面撒上適量的麵粉（分量外），用刮板將麵團剝離調理盆，取至作業台上。

9 將麵團分成 2 等分裹圓，蓋上濕潤的布帛，靜置 15 分鐘左右。

［整型］

10 在麵團表面撒上適量的麵粉（分量外），用擀麵棍推展麵團成 12×20 cm 的橢圓形，翻面將下半部 1/3、上半部 1/3 摺向中心，再對摺整成海參狀，捏緊接合處。

11 在帆布撒上充足適量的麵粉（分量外），拱起凹槽，接合處朝下放置麵團

［二次發酵］

12 在 25 ～ 28℃的環境下，放置 1 小時半～ 2 小時，讓麵團發酵膨脹一圈。

［烤製］

13 將烤盤置入烤箱，預熱至 200 ～ 250℃。

14 預熱完成後，注意不要燙傷取出熱燙的烤盤，鋪上烘焙紙，快速排列麵團，劃出 5 ～ 7 條斜割紋。

15 噴濕麵團表面，快速置入烤箱。箱內也需要噴濕。

16 以 180 ～ 200℃烘焙 26 分鐘左右，表面烤出焦香金黃色後出爐。

搗泥巨峰酵母的佛卡夏麵包

搗泥巨峰酵母的
佛卡夏麵包

義大利托斯卡納（Toscana）地區的鄉土點心，
由托斯卡納鹹餅（Schiacciata）衍生而成的佛卡夏麵包。
隨意鋪於麵團上的葡萄多汁可口，
撒上用來提味的迷迭香，
就變成大人的點心麵包。

材料　20×25cm 的長方形、1 片分量

[麵團]

準高筋麵粉（TYPE-ER）　300g

搗泥巨峰酵母　180ml

葡萄籽油

　（或者橄欖油）　稍多於 1 大匙

鹽（Guerande 鹽）　6g

[配料]

葡萄（巨峰、司特本等）

　300g ～ 400g

迷迭香　1 枝

細沙糖　適量

葡萄籽油

　（或者橄欖油）　適量

作法

[混合材料]

1 在調理盆中加入高筋麵粉、鹽，用打蛋器充分混勻。

2 搗泥巨峰酵母畫圓注入整個麵粉，用木鏟慢慢畫出大圓混合。

3 當麵團開始黏著木鏟後，換以慣用手揉和，另一手慢慢轉動調理盆，揉和 5 ～ 10 分鐘。

4 持續揉和至調理盆、手上的麵團集結成一塊，加入葡萄籽油，揉和數分鐘均勻分布。

5 裹圓麵團置於調理盆中央，稍微噴濕後覆蓋保鮮膜。

[一次發酵]

6 在 25 ～ 28℃ 的環境下，靜置 6 ～ 8 小時，讓麵團發酵膨脹 2 倍左右。

[整型]

7 在麵團表面撒上適量的麵粉（分量外），用刮板將麵團剝離調理盆，取至鋪有烘焙紙的烤盤上。

8 麵團表面朝上，用手輕推成 20×25cm 的長方形。

[二次發酵]

9 在 25 ～ 28℃ 的環境下，放置 1 小時～ 1 小時半，讓麵團發酵膨脹一圈。

[配料]

10 葡萄連皮切半。

11 在麵團上倒些葡萄籽油，用手掌輕撫塗抹整片。

12 葡萄截面朝上，隨意埋入麵團中，撒上迷迭香的葉子、細砂糖。

[烤製]

13 將烤箱預熱至 200 ～ 250℃。

14 預熱完成後，快速將 12 置入烤箱。

15 以 180 ～ 200℃ 烘焙 20 分鐘左右。因為容易烤焦，不需要固守烤製時間，烤出金黃色後即可出爐。

搗泥柿子酵母的披薩

沒有更加享受秋天結實累累柿子的方法嗎？
腦中浮現的是柿子、蘋果和檸檬的蜂蜜醃漬。
將其裝點在扁薄展開的麵團上，
就變成帶有秋天氣息的甜點披薩。
柿子酵母的發酵力非常強大，
需要摻水稀釋使用。

材料　20×25cm 的長方形、1 片分量
[麵團]
準高筋麵粉（TYPE-ER）　250g
搗泥柿子酵母　75ml
水　75ml
橄欖油　15g
鹽（Guerande 鹽）　5g
[配料]
柿　1/2 顆
蘋果　1/2 顆
檸檬　1/4 顆
蜂蜜　2 大匙

作法
[混合材料]
1 在調理盆中加入準高筋麵粉、鹽，用打蛋器充分混勻。
2 混拌搗泥柿子酵母和水，畫圓注入整個麵粉，用木鏟慢慢畫出大圓混合。
3 當麵團開始黏著木鏟後，換以慣用手揉和，另一手慢慢轉動調理盆，揉和 5 ～ 10 分鐘。
4 持續揉和至調理盆、手上的麵團集結成一塊，加入橄欖油，揉和數分鐘均勻分布。
5 裹圓麵團置於調理盆中央，稍微噴濕後覆蓋保鮮膜。
[一次發酵]
6 在 25 ～ 28℃ 的環境下，靜置 6 ～ 8 小時，讓麵團發酵膨脹 2 倍左右。
[整型]
7 在麵團表面撒上適量的麵粉（分量外），用刮板將麵團剝離調理盆，取至鋪有烘焙紙的烤盤上Ⓐ。
8 麵團表面朝上，用手輕壓推展成 20×25cm 的長方形Ⓑ。
[二次發酵]
9 在 25 ～ 28℃ 的環境下，放置 1 小時，讓麵團發酵膨脹一圈。
[配料]
10 柿子剝皮、蘋果和檸檬連皮，分別切成 3mm 厚的銀杏狀。
11 在調理盆中混合10，加入蜂蜜醃漬。
12 用篩網瀝乾11的水分，鋪滿整片麵團Ⓒ。
[烤製]
13 將烤箱預熱至 200 ～ 250℃。
14 預熱完成後，快速將12置入烤箱。
15 以 200 ～ 230℃ 烘焙 25 分鐘左右，直到披薩邊烤出金黃色。

A

B C

無花果乾酵母的無花果堅果麵包

無花果乾酵母的無花果堅果麵包

剛開始烘焙面包的時候，心想把庭院裡的無花果烤成麵包
會有多麼美味啊！不禁興奮地製作酵母。
順利發酵完後，開始嘗試揉和麵團，
但麵團怎麼揉就是不成型，
得不到滿足的結果。
原來無花果含有分解蛋白質的酵素。
將新鮮的無花果加熱或者使用無花果乾，
問題就獲得解決。黑麥調配的麵團
摻進滿滿的厚肉無花果乾與腰果，滋味深厚的秋季麵包。

材料　直徑約 21cm、1 個分量

[麵團]

高筋麵粉（はるゆたかブレンド）　350g

黑麥（細磨）　150g

無花果乾酵母　330ml

鹽（Guerande 鹽）　10g

無花果乾　90g

烤腰果　60g

作法

[混合材料]

① 在調理盆中加入高筋麵粉、黑麥麵粉、鹽，用打蛋器充分混勻。

② 將無花果乾酵母畫圓注入整個麵粉，用木鏟慢慢畫出大圓混合。

③ 當麵團開始黏著木鏟後，換以慣用手揉和，另一手慢慢轉動調理盆，揉和 5 ～ 10 分鐘。

④ 持續揉和至調理盆、手上的麵團集結成一塊，加入用刮板分成 4 ～ 6 等分的無花果乾、腰果，揉和數分鐘均勻分布。

⑤ 裹圓麵團置於調理盆中央，稍微噴濕後覆蓋保鮮膜。

[一次發酵]

⑥ 在 25 ～ 28℃的環境下，靜置 10 ～ 12 小時，讓麵團發酵膨脹 2 倍左右。

[整型]

⑦ 在麵團表面撒上適量的麵粉（分量外），用刮板將麵團剝離調理盆，取至作業台上。

⑧ 麵團表面朝上，以逆時針推轉方向盤的意象裹圓麵團（推轉 8 ～ 10 圈直到表面出現適度的張力）。

⑨ 用手指捏緊接合處。

⑩ 接合處朝下，將裹圓的麵團置於作業台上，表面撒上適量的麵粉（分量外）。發酵籃內也撒上適量的麵粉（分量外），接合處朝上置入發酵籃。

[二次發酵]

⑪ 在 25 ～ 28℃的環境下，放置 1 小時半～ 2 小時，讓麵團發酵膨脹一圈。

[烤製]

⑫ 將烤盤置入烤箱，預熱至 200 ～ 250℃。

⑬ 預熱完成後，注意不要燙傷取出熱燙的烤盤，鋪上烘焙紙，快速翻轉發酵籃倒出麵團，劃出四角割紋。

⑭ 噴濕麵團表面，快速置入烤箱。箱內也需要噴濕。

⑮ 以 180 ～ 200℃烘焙 30 分鐘左右，表面烤出焦香金黃色後出爐。

金木樨酵母的田園麵包

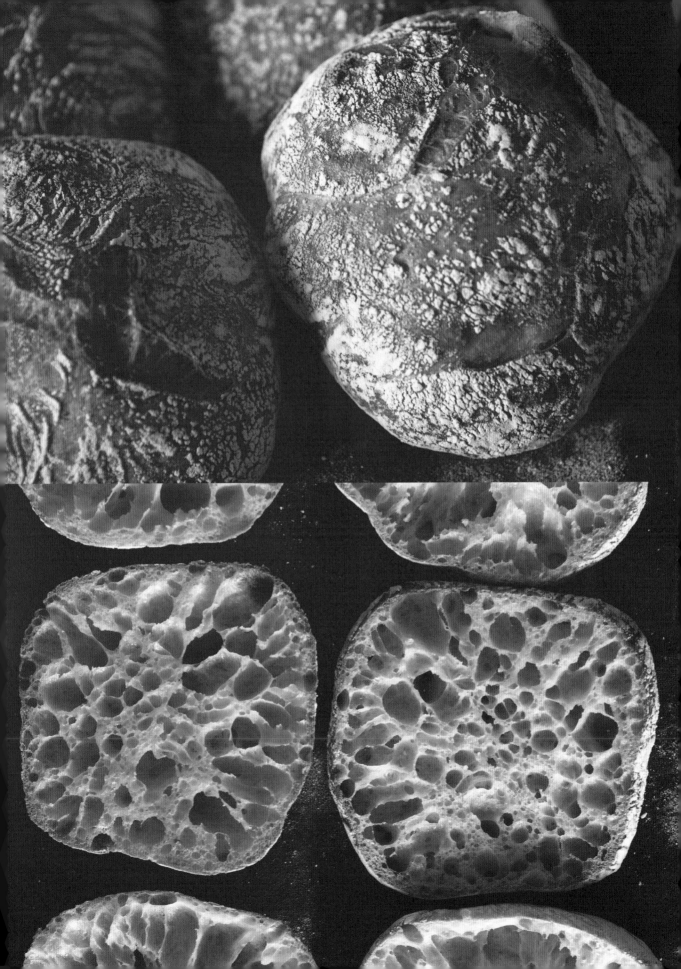

金木樨酵母的田園麵包

這款麵包深具魅力，
宛若能夠嚐到虛幻季節的瞬間。
撕下一小塊餘熱散去的麵包靜靜地咀嚼，
鼻腔深處產生金木樨淡淡的香甜氣息，
這是從麵包感受到秋天的瞬間。

材料　直徑約 10cm、4 個分量

高筋麵粉（はるゆたかブレンド）　500g

金木樨酵母　400ml

鹽（Guerande 鹽）　11g

作法

［混合材料］

1 混合高筋麵粉、鹽，過篩撒入調理盆中。

2 將金木樨酵母畫圓注入整個麵粉，輕柔混合。一面慢慢轉動調理盆，一面將麵團摺向中央，混捏 8～10 次。

3 將麵團集中至調理盆中央，覆蓋保鮮膜。

［一次發酵］

4 在 25～28℃的環境下，靜置 10～12 小時，讓麵團發酵膨脹 2 倍左右Ⓐ。

［分割、整型］

5 在麵團表面撒上適量的麵粉（分量外），用刮板將麵團剝離調理盆Ⓑ，取至作業台上Ⓒ。

6 撒上充足的適量麵粉（分量外），不讓麵團黏著作業台摺疊翻面數次ⒹⒺⒻ，用刮板分成 4 等分Ⓖ，稍微裹圓Ⓗ。

7 在帆布撒上充足的適量麵粉（分量外），拱起凹槽，接合處朝下放置麵團Ⓘ。

［二次發酵］

8 在 25～28℃的環境下，放置 1 小時～1 小時半，讓麵團發酵膨脹一圈。

［烤製］

9 將烤盤置入烤箱，預熱至 200～250℃。

10 預熱完成後，注意不要燙傷取出熱燙的烤盤，鋪上烘焙紙，接合處朝上放置麵團。噴濕麵團表面，快速置入烤箱。箱內也需要噴濕。

11 以 200℃烘焙 20 分鐘左右，直到表面烤出焦香金黃色。

冬
winter

當田地降卜初霜，
冬天的果實便將成熟，
迎來收穫的時刻。
檸檬、柚子、金桔、木梨。
接收冬季日光，
散發金黃色的酵母們。
不同的香味、酸味、苦味，
展現麵包的個性，好不有趣。
一鬆開瓶蓋，
便湧起清爽香氣的細沫。

蘋果酵母、芝麻菜與金芝麻的圓麵包

冬天的芝麻菜愈寒冷愈辛嗆，
當作為麵包的副材料，發揮出自己的個性。
蘋果酵母的麵團裡，適宜調和同為芝麻風味的素材，
以冬天野味蔬菜為主角的主餐麵包。

作法

[混合材料]

① 在調理盆中加入高筋麵粉、鹽，用打蛋器充分混勻。將蘋果酵母畫圓注入整個麵粉，用木鏟慢慢畫出大圓混合。

② 當麵團開始黏著木鏟後，換以慣用手揉和，另一手慢慢轉動調理盆，揉和 5 ～ 10 分鐘。

③ 持續揉和至調理盆、手上的麵團集結成一塊，加入金芝麻與芝麻油，揉和數分鐘均勻分布，加入粗切的芝麻菜，再揉和數分鐘。

④ 裹圓麵團置於調理盆中央，稍微噴濕後覆蓋保鮮膜。

[一次發酵]

⑤ 在 25 ～ 28℃的環境下，靜置 10 ～ 12 小時，讓麵團發酵膨脹 2 倍左右。

[分割、整型]

⑥ 在麵團表面撒上適量的麵粉（分量外），用刮板將麵團剝離調理盆，取至作業台上。

⑦ 將麵團分成 4 等分，以逆時針推轉方向盤的意象裹圓麵團（推轉 8 ～ 10 圈直到表面出現適度的張力）。

⑧ 用手指捏緊接合處。在帆布撒上充足的適量麵粉（分量外），拱起凹槽，結合處朝下放置麵團。

[二次發酵]

⑨ 在 25 ～ 28℃的環境下，放置 1 小時半～ 2 小時，讓麵團發酵膨脹一圈。

[烤製]

⑩ 將烤盤置入烤箱，預熱至 200 ～ 250℃。

⑪ 預熱完成後，注意不要燙傷取出熱燙的烤盤，鋪上烘焙紙，快速放置麵團，劃出格狀割紋。

⑫ 噴濕麵團表面，快速置入烤箱。箱內也需要噴濕。

⑬ 以 180 ～ 200℃烘焙 18 分鐘左右，直到烤出焦香金黃色。

材料　直徑約 10cm、4 個分量

高筋麵粉（はるゆたかブレンド）　500g

蘋果酵母　320ml

鹽（Guerande 鹽）　10g

芝麻菜（或者萵苣）　100g

金芝麻（乾炒）　50g

芝麻油　16g

搗泥蘋果酵母的肉桂麵包捲

搗泥蘋果酵母的
肉桂麵包捲

搗泥蘋果酵母、奶油、肉桂極品絕配。
蘋果的水果味與奶油的濃醇，
光是這樣就已經覺得十分美味，
再捲入香氣馥郁的肉桂糖，
搖身變成滿足感十足的甜點麵包。

材料　直徑約 10cm、8 個分量

［麵團］

準高筋麵粉（TYPE-ER）　500g

搗泥蘋果酵母　255ml

無鹽奶油　75 g

砂糖　75 g

鹽（Guerande 鹽）　10g

肉桂粉　7g

［肉桂糖］

細砂糖　70g

肉桂粉　15g

荳蔻粉　少許

作法

［混合材料］

1 將無鹽奶油切成骰子狀。

2 在調理盆中加入準高筋麵粉、砂糖、鹽、肉桂粉，用打蛋器充分混勻。

3 將搗泥蘋果酵母畫圓注入整個麵粉，用木鏟慢慢畫出大圓混合。

4 當麵團開始黏著木鏟後，換以慣用手揉和，另一手慢慢轉動調理盆，揉和 5 分鐘左右。

5 將 1 加入 4，揉和約 5 分鐘均勻分布。

6 裹圓麵團置於調理盆中央，稍微噴濕後覆蓋保鮮膜。

［一次發酵］

7 在 25 ～ 28℃ 的環境下，靜置 6 ～ 8 小時，讓麵團發酵膨脹 2 倍左右。

［分割、休息靜置］

8 在麵團表面撒上適量的麵粉（分量外），用刮板將麵團剝離調理盆，取至作業台上Ⓐ。

9 將麵團分成 2 等分稍微裹圓，蓋上濕潤的布帛，靜置 15 分鐘左右。

［整型］

10 在麵團表面撒上適量的麵粉（分量外），先用手輕壓Ⓑ，再用擀麵棍推展成 40×14cm 的長方形Ⓒ。

11 短邊兩端留出 1cm，其餘部分鋪滿半量的混勻肉桂糖Ⓓ。

12 仔細將麵團捲得粗細相同Ⓔ，在接合處稍微噴濕Ⓕ，確實壓緊。

13 用麵包刀分成 4 等分Ⓖ，整頓形狀Ⓗ，置入鋪有烘焙紙的烤盤上。剩下的麵團也以相同步驟捲起切割。

［二次發酵］

14 在 25 ～ 28℃ 的環境下，放置 1 小時～ 1 小時半，讓麵團發酵膨脹一圈。

［烤製］

15 將烤箱預熱至 200 ～ 250℃。

16 預熱完了後、噴濕麵團表面，快速置入烤箱。箱內也需要噴濕。

17 以 180℃ 烘焙 18 分鐘左右。

檸檬酵母的堅果葡萄麵包

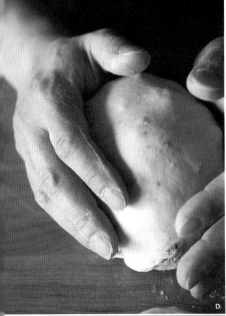

檸檬酵母的堅果葡萄麵包

天然酵母加入葡萄乾與核桃的經典麵包，
只要根據季節使用不同的酵母，也能夠享受四季之樂。
檸檬酵母的輕爽風味跟葡萄乾極品絕配，
微苦的餘韻與核桃相互襯托，演繹出另一番愉悅風味。

材料　直徑約 14cm、2 個分量　　　　檸檬酵母　330ml
高筋麵粉（はるゆたかブレンド）　400g　　葡萄乾　100g
全麥麵粉（石臼挽き全粒粉）　100g　　核桃　60g
　　　　　　　　　　　　　　　　　鹽（Guerande 鹽）　10g

作法

[混合材料]

1 葡萄乾浸水約 5 分鐘，用篩網瀝乾水分。

2 在調理盆中加入高筋麵粉、全麥麵粉、鹽，用打蛋器充分混勻。

3 將檸檬酵母畫圓注入整個麵粉，用木鏟慢慢畫出大圓混合。

4 當麵團開始黏著木鏟後，換以慣用手揉和，另一手慢慢轉動調理盆，揉和 5 ～ 10 分鐘。

5 持續揉和至調理盆、手上的麵團集結成一塊，加入 1 與核桃，揉和數分鐘均勻分布。

6 裹圓麵團置於調理盆中央，稍微噴濕後覆蓋保鮮膜。

[一次發酵]

7 在 25 ～ 28℃的環境下，靜置 10 ～ 12 小時，讓麵團發酵膨脹 2 倍左右。

[分割、休息靜置]

8 在麵團表面撒上適量的麵粉（分量外）Ⓐ，用刮板將麵團剝離調理盆，取至作業台上Ⓑ。

9 將麵團分成 2 等分Ⓒ，分別裹圓Ⓓ，蓋上濕潤的布帛，靜置 15 分鐘左右。

[整型]

10 以逆時針推轉方向盤的意象裹圓麵團（推轉 8 ～ 10 圈直到表面出現適度的張力）。

11 用手指捏緊接合處Ⓔ。

12 接合處朝下，將裹圓的麵團置於作業台上，稍微整頓形狀Ⓕ，表面撒上適量的麵粉（分量外）Ⓖ。發酵籃內也撒上適量的麵粉（分量外），接合處朝上置入發酵籃Ⓗ。

[二次發酵]

13 在 25 ～ 28℃的環境下，放置 1 小時半～ 2 小時，讓麵團發酵膨脹一圈Ⓘ。在捏緊一次接合處，撒上適量的麵粉（分量外）Ⓙ。

[烤製]

14 將烤盤置入烤箱，預熱至 200 ～ 250℃。

15 預熱完成後，注意不要燙傷取出熱燙的烤盤，鋪上烘焙紙，快速翻轉發酵籃倒出麵團Ⓚ，劃出格狀割紋Ⓛ。

16 噴濕麵團表面，快速置入烤箱。箱內也需要噴濕。

17 以 180 ～ 200℃烘焙 26 分鐘左右，直到表面烤出焦香金黃色。

材料　長度約 22cm、2 條分量

高筋麵粉（はるゆたかブレンド）　500g

檸檬酵母　330ml

鹽（Guerande 鹽）　10g

檸檬酵母的橄欖麵包

簡單的麵包襯托出檸檬酵母的個性，

在麵團的鮮甜後，

感受到清爽的風味與果皮的微苦味。

乍看宛若適合大人的麵包，

但其實是擁有眾多小粉絲的主餐麵包。

作法

［混合材料］

① 在調理盆中加入高筋麵粉、鹽，用打蛋器充分混勻。

② 將檸檬酵母畫圓注入整個麵粉，用木鏟慢慢畫出大圓混合。

③ 當麵團開始黏著木鏟後，換以慣用手揉和，另一手慢慢轉動調理盆，揉和 5 ～ 10 分鐘。

④ 持續揉和至調理盆、手上的麵團集結成一塊，裹圓麵團置於調理盆中央，稍微噴濕後覆蓋保鮮膜。

［一次發酵］

⑤ 在 25 ～ 28℃的環境下，靜置 10 ～ 12 小時，讓麵團發酵膨脹 2 倍左右。

［分割、休息靜置］

⑥ 在麵團表面撒上適量的麵粉（分量外），用刮板將麵團剝離調理盆，取至作業台上。

⑦ 將麵團分成 2 等分裹圓，蓋上濕潤的布帛，靜置 15 分鐘左右。

［整型］

⑧ 在麵團表面撒上適量的麵粉（分量外），用擀麵棍推展麵團成 12×20cm 的橢圓形Ⓐ，翻面將下半部 1/3、上半部 1/3 摺向中心Ⓑ，再對摺整成海參狀，捏緊接合處Ⓒ。

⑨ 在帆布撒上充足的適量麵粉（分量外），拱起凹槽，接合處朝下放置麵團Ⓓ。

［二次發酵］

⑩ 在 25 ～ 28℃的環境下，放置 1 小時半～ 2 小時，讓麵團發酵膨脹一圈。

［烤製］

⑪ 將烤盤置入烤箱，預熱至 200 ～ 250℃。

⑫ 預熱完成後，注意不要燙傷取出熱燙的烤盤，鋪上烘焙紙，快速排列麵團，劃出 1 條縱向割紋Ⓔ。

⑬ 噴濕麵團表面，快速置入烤箱。箱內也需要噴濕。

⑭ 以 180 ～ 200℃烘焙 26 分鐘左右，直到表面烤出焦香金黃色。

材料　直徑約 10cm、4 個分量

高筋麵粉（はるゆたかブレンド）　300g

檸檬酵母　198ml

糖漬檸檬皮　60g

糖漬生姜（可用市售品）　20g ＊

鹽（Guerande 鹽）　6g

＊糖漬生薑
逆著纖維薄切新生薑或者根生薑，浸水去除澀味約 2 次。放入鍋中倒進大量的水，「煮沸後撈起換水」調整到喜歡的辛嗆度（進行 3 ～ 5 次）。煮至透明後，加入與生薑等量的砂糖，用小火熬煮。糖汁收乾後，排列到烘焙紙上晾乾。

檸檬酵母的生薑麵包

飯糰狀的小型硬式麵包。
檸檬與生薑的風味，非常適合寒冷的季節。

作法

[混合材料]

1 在調理盆中加入高筋麵粉、鹽，用打蛋器充分混勻。

2 將檸檬酵母畫圓注入整個麵粉，用木鏟慢慢畫出大圓混合。

3 當麵團開始黏著木鏟後，換以慣用手揉和，另一手慢慢轉動調理盆，揉和 5 ～ 10 分鐘。

4 持續揉和至調理盆、手上的麵團集結成一塊，加入粗切的糖漬檸檬皮與糖漬生薑，揉和數分鐘均勻分布。

5 裹圓麵團置於調理盆中央，稍微噴濕後覆蓋保鮮膜。

[一次發酵]

6 在 25 ～ 28℃ 的環境下，靜置 10 ～ 12 小時，讓麵團發酵膨脹 2 倍左右。

[分割、休息靜置]

7 在麵團表面撒上適量的麵粉（分量外），用刮板將麵團剝離調理盆，取至作業台上。

8 將麵團分成 4 等分稍微裹圓，蓋上濕潤的布帛，靜置 15 分鐘左右。

[整型]

9 意識中央留下飯糰狀，用手指或者擀麵棍向 3 方向推出耳朵。

10 將 3 個耳朵朝向中央包覆接合，整頓成飯糰形狀。

11 在帆布撒上充足的適量麵粉（分量外），拱起凹槽，接合處朝下放置麵團。

[二次發酵]

12 在 25 ～ 28℃ 的環境下，放置 1 小時半～ 2 小時，讓麵團發酵膨脹一圈。

[烤製]

13 將烤盤置入烤箱，預熱至 200 ～ 250℃。

14 預熱完成後，注意不要燙傷取出熱燙的烤盤，鋪上烘焙紙，接合處朝上快速排列麵團。

15 噴濕麵團表面，快速置入烤箱。箱內也需要噴濕，以 180 ～ 200℃ 烘焙 18 分鐘左右，表面烤出焦香金黃色後出爐。

柚子酵母的巧克力長棍麵包

A   B   C

D   E   F

G   H   I

柚子酵母的巧克力長棍麵包

11 月半左右，柚子開始黃熟，
全家總動員採摘柚子。
在屋冬季的巧克力長棍麵包裡，
主角可是自家製的糖漬柚子皮。
黑苦的麵團飄逸著清爽的柚子香氣。

材料　長度約 26cm、6 條分量

高筋麵粉（はるゆたかブレンド）　250g

柚子酵母　180ml

可可粉　35g

巧克力豆　60g

糖漬柚子皮（可用市售品）　30g ＊

鹽（Guerande 鹽）　5g

＊糖漬柚子皮
將柚子皮切成寬 5mm 放入鍋中，
加入半量的砂糖等待出水。釋出
水分後，以小火煮約 30 分鐘，水
分收乾後熄火。

作法

［混合材料］

1 在調理盆中加入高筋麵粉、可可粉、鹽，用打蛋器充分混勻。

2 將柚子酵母畫圓圈注入整個麵粉Ⓐ，用木鏟慢慢畫出大圓混合Ⓑ。

3 當麵團開始黏著木鏟後，換以慣用手揉和，另一手慢慢轉動調理
盆，揉和 5 ～ 10 分鐘Ⓒ。若麵團乾硬的話，適宜地補充水分。

4 在 3 加入巧克力豆與糖漬柚子皮，揉和數分鐘均勻分布。

5 裹圓麵團置於調理盆中央Ⓓ，稍微噴濕後覆蓋保鮮膜。

［一次發酵］

6 在 25 ～ 28℃的環境下，靜置 10 ～ 12 小時，讓麵團發酵膨脹 2
倍左右。

［分割、整型］

7 在麵團表面撒上適量的麵粉（分量外），用刮板將麵團剝離調理
盆，取至作業台上。

8 用刮板將麵團分成 6 等分（使用長方形的刮板有利後面整頓形
狀），用擀麵棍推展成 8×18cm 的長方形Ⓔ。

9 橫向放置麵團，將下半部 1/3、上半部 1/3 摺向中心，再對摺起來
Ⓕ。滾動整成長 24cm 的棒狀Ⓖ，先捏緊接合處Ⓗ，再用手指壓平接
合處Ⓘ翻面。剩下的麵團也以同樣步驟整頓形狀，排列至鋪有烘焙
紙的烤盤上。

［二次發酵］

10 在 25 ～ 28℃的環境下，放置 1 小時半～ 2 小時，讓麵團發酵膨
脹一圈。

［烤製］

11 將烤箱預熱至 200 ～ 250℃。

12 預熱完成後，在麵團撒上適量的麵粉（分量外），劃出 6 條斜割紋。

13 噴濕麵團表面，快速置入烤箱。箱內也需要噴濕。

14 以 180℃烘焙 18 分鐘左右。

金桔酵母的全麥麵包

金桔酵母的全麥麵包

外皮酥脆散發焦香，內裡軟韌帶有嚼勁，
每口咬下都能微微感受到
金桔獨特的風味。
當店裡開始烘焙這款麵包，便能感受到冬天的到來。

材料　長度約 22cm、1 個分量

高筋麵粉（はるゆたかブレンド）　250g

全麥麵粉（石臼挽き全粒粉）　250g

金桔酵母　330ml

鹽（Guerande 鹽）　10g

作法

[混合材料]

1 在調理盆中加入高筋麵粉、全麥麵粉、鹽，用打蛋器充分混勻。

2 將金桔酵母畫圓注入整個麵粉，用木鏟慢慢畫出大圓混合。

3 當麵團開始黏著木鏟後，換以慣用手揉和，另一手慢慢轉動調理盆，揉和 5 ～ 10 分鐘。

4 持續揉和至調理盆、手上的麵團集結成一塊，裹圓麵團置於調理盆中央，稍微噴濕後覆蓋保鮮膜。

[一次發酵]

5 在 25 ～ 28℃的環境下，靜置 10 ～ 12 小時，讓麵團發酵膨脹 2 倍左右。

[休息靜置]

6 在麵團表面撒上適量的麵粉（分量外），用刮板將麵團剝離調理盆Ⓐ，取至作業台上Ⓑ。

7 將麵團稍微裹圓Ⓒ，蓋上濕潤的布帛，靜置 15 分鐘左右。

[整型]

8 在麵團表面撒上適量的麵粉（分量外），先用手輕壓Ⓓ，再用擀麵棍推展麵團成 16×20cm 的橢圓形Ⓔ。翻面將下半部 1/3、上半部 1/3 摺向中心Ⓕ，再對摺整成橄欖球狀，捏緊接合處Ⓖ。

9 表面撒上適量的麵粉（分量外）Ⓗ，發酵籃（鵝蛋型）內也撒上適量的麵粉（分量外），接合處朝上置入發酵籃Ⓘ。

[二次發酵]

10 在 25 ～ 28℃的環境下，放置 1 小時半 ～ 2 小時，讓麵團發酵膨脹一圈。

[烤製]

11 將烤盤置入烤箱，預熱至 200 ～ 250℃。

12 預熱完成後，注意不要燙傷取出熱燙的烤盤，鋪上烘焙紙，快速翻轉發酵籃倒出麵團，劃出 1 條縱向割紋。

13 噴濕麵團表面，快速置入烤箱。

14 以 180 ～ 200℃烘焙 30 分鐘左右，表面烤出焦香金黃色後出爐。

PROFILE

タロー屋／星野太郎・真弓

1973年生於埼玉縣,為酵母神奇的力量著迷,而開始自學製作麵包。2007年6月在故鄉埼玉縣浦和區的住宅街,由夫婦兩人開張『畑のコウボパン　タロー屋』。採摘家父在工房旁自家菜園無農藥栽培的蔬菜、香草、四季時令水果,自家培養野生的酵母,烘焙一期一會的麵包。
http://www.taroya.com

TITLE

春夏秋冬野生酵母　烘焙研究手札

STAFF		ORIGINAL JAPANESE EDITION STAFF	
出版	三悅文化圖書事業有限公司	攝影	在本彌生
作者	タロー屋／星野太郎・真弓	裝幀	樋口裕馬
譯者	丁冠宏	編集	小池洋子（グラフィック社）
		special thanks	武井映里、高橋欣之、住田雪子
總編輯	郭湘齡		森田美浦、親戚、家族
文字編輯	徐承義　蕭妤秦		
美術編輯	許菩真		
排版	曾兆珩		
製版	明宏彩色照相製版有限公司		
印刷	龍岡數位文化股份有限公司		

法律顧問	立勤國際法律事務所　黃沛聲律師	

戶名	瑞昇文化事業股份有限公司
劃撥帳號	19598343
地址	新北市中和區景平路464巷2弄1-4號
電話	(02)2945-3191
傳真	(02)2945-3190
網址	www.rising-books.com.tw
Mail	deepblue@rising-books.com.tw

本版日期	2020年5月
定價	350元

國家圖書館出版品預行編目資料

春夏秋冬野生酵母 烘焙研究手札 / 星野太郎.真弓作；丁冠宏譯. -- 初版. -- 新北市：三悅文化圖書, 2020.03
128面；19 X 25.5公分
ISBN 978-986-98687-1-6(平裝)

1.點心食譜 2.麵包

427.16　　　　　　　109000135